EXTRAIT
DES MÉMOIRES
DE
L'ACADÉMIE ROYALE DES SCIENCES,

Pour l'Année 1783.

Sur l'usage des Horloges marines, relativement à la Navigation, & sur-tout à la Géographie, où l'on détermine la différence en longitude de quelques points des îles Antilles & des côtes de l'Amérique septentrionale, avec le Fort-royal de la Martinique, ou avec le Cap-françois de Saint-Domingue, par des Observations faites pendant la campagne de M. le Comte d'Estaing en 1778 & 1779, & celle de M. le Comte de Grasse en 1781 & 1782.

Par M. le Marquis DE CHABERT, Chef-d'escadre des Armées navales, Commandeur des Ordres royaux & militaires de Saint-Louis & de Saint-Lazare, Inspecteur général des Cartes, Plans & Journaux de la Marine & du Dépôt ; de l'Académie Royale des Sciences, Honoraire de celle de Marine, des Académies de Londres, de Berlin, de Stockolm & de Bologne.

A PARIS,
DE L'IMPRIMERIE ROYALE.
M. DCCLXXXV.

MÉMOIRE

Sur l'ufage des Horloges marines , relativement à la Navigation , & fur-tout à la Géographie, où l'on détermine la différence en longitude de quelques points des îles Antilles & des côtes de l'Amérique feptentrionale , avec le Fort-royal de la Martinique , ou avec le Cap - françois de Saint-Domingue , par des Obfervations faites pendant la campagne de M. le Comte d'Eftaing en 1778 & 1779 , & celle de M. le Comte de Graffe en 1781 & 1782.

L E S Savans qui ont été chargés d'éprouver des Horloges marines, ont conftaté par la publication de leurs expériences, qu'on parvient à en conftruire qui furpaffent l'exactitude exigée pour la folution du problème de la Longitude, & qu'on eft en état, au moyen de cette découverte, de jouir pour la Navigation, du grand avantage dans la vue duquel le Parlement d'Angleterre avoit promis une fomme confidérable.

Lû à l'Affemblée publique de Pâques 1783.
Exactitude des horloges marines, conftatée par les expériences.

Cet avantage confifte, comme on fait, à trouver la Longitude en mer, avec la précifion au moins d'un demi-degré au bout de quarante-deux jours de route, c'eft-à-dire, fans craindre plus de quatre à huit lieues d'erreur, fuivant le parallèle fur lequel on attérit, après une traverfée peut-être de douze à quinze cents lieues, pendant que par l'eftime ordinaire du chemin, l'erreur des Pilotes monte quelquefois jufqu'à cent lieues.

Degré d'exactitude exigé pour la folution du problème de la Longitude.

Quel fujet de tranquillité pour un Capitaine de Vaiffeau attériffant pendant l'hiver aux côtes de Bretagne ; & combien n'a-t-on pas de raifons d'ailleurs de fe féliciter de la découverte des Horloges marines, fi l'on envifage les occafions où, en temps de guerre, elles peuvent être effentiellement utiles pour le bien de l'État & le fuccès des armes du Roi !

Avantages qu'on peut en tirer pour le fuccès des expéditions en temps de guerre.

Un Officier chargé d'une expédition, pourra en effet, avec le fecours de la connoiffance certaine de la Longitude, rendre fa route, vers le lieu où il doit agir, plus courte de tout le temps que l'eftime des Pilotes lui auroit fait perdre en tâtonnemens, & par-là primer ou furprendre l'Ennemi.

S'il efcorte un convoi, cette même affurance de la longitude lui fournira peut-être le moyen d'échapper à l'Ennemi en force & fuppofé en croifière aux approches du Port où il doit aborder, en fufpendant fa route à une certaine diftance de la côte, afin d'attendre, pour attérir, une circonftance de vent qui ait dû en faire retirer l'Ennemi.

Enfin, s'il eft chargé d'une croifière importante, il fe rendra directement au parage ordonné, & s'y arêtera à la longitude de la diftance de terre où il convient qu'il fe tienne, & où les horloges lui apprendront qu'il eft, fans qu'il foit obligé, pour s'en affurer, d'aller reconnoître la terre, & de courir le rifque d'être découvert.

Motifs qui me déterminèrent à en embarquer.

C'eft afin d'être en état d'offrir à mes Généraux ce moyen d'affurance pour la direction des routes de leur armée, que j'embarquai des horloges marines fur le vaiffeau *le Vaillant* que je commandois en 1778 & 1779, fous les ordres de M. le Comte d'Eftaing, & fur le vaiffeau *le Saint-Efprit* en 1781 & 1782, fous les ordres de M. le Comte de Graffe. La fatisfaction qu'ils ont bien voulu me témoigner de ce que je leur avois fignalé ma longitude par obfervation lorfqu'ils l'avoient defiré, m'a amplement dédommagé de mes foins pendant quatre ans pour la conduite des horloges, pour la connoiffance de leur marche à toutes les relâches, & pour le calcul des obfervations.

Un motif également puiſſant me porta à me charger de la conduite & de l'uſage des horloges pendant ces deux campagnes, c'étoit l'eſpérance que la juſteſſe des attérages qui auroit été généralement reconnue par la publicité de mes ſignaux de longitude, exciteroit le zèle d'un grand nombre d'Officiers très-inſtruits à s'empreſſer à l'avenir de ſe rendre doublement utiles, en rempliſſant cette nouvelle partie de ſervice en même temps que les fonctions de leur grade, d'autant que les obſervations pour la longitude ſe concilient toujours avec le courant du ſervice, comme les plus ſimples opérations du pilotage.

Leur emploi eſt preſqu'auſſi facile que les opérations ordinaires du pilotage.

Je ſuis même perſuadé que l'utilité reconnue des horloges marines, engagera le Gouvernement à multiplier ce moyen de ſûreté pour la navigation des Vaiſſeaux du Roi, & qu'on parviendra bientôt à y faire participer les Bâtimens de commerce.

C'eſt encore dans la vue d'épargner aux Marins chargés de la conduite & de l'uſage des horloges, la faſtidieuſe écriture continuelle de l'énoncé des articles de calculs, que je les ai fait imprimer dans l'ordre où ils doivent être, & dans autant de tableaux en forme de calculs que l'uſage des horloges marines peut en occaſionner; perſuadé d'ailleurs que des Pilotes qui n'auroient même que les connoiſſances ordinaires, pourroient, à l'aide de ces tableaux, conduire des horloges, obſerver & calculer la longitude, en faiſant les obſervations comme elles y ſont indiquées, & en rempliſſant le blanc de chaque article.

Secours pour ceux qui ſont chargés de ces horloges.

Je me borne à rapporter quelques circonſtances où les Horloges ont été utiles à nos navigations.

Vers le milieu de la traverſée de M. le Comte d'Eſtaing, de Toulon à la Delaware, mes longitudes obſervées par le moyen des Horloges, ainſi que celles que M. le Chevalier de Borda concluoit des meſures de diſtances de la Lune au Soleil, qu'il prenoit exprès dans le même temps avec ſon cercle à réflexion, & qui s'accordoient avec les miennes à un quart de degré près, firent connoître que les longitudes,

Exemples de leur utilité pour la navigation.

A iij

fuivant l'eftime des Pilotes dans les mêmes temps, étoient fautives de près de fix degrés, dont leur route étoit trop peu avancée; d'où il s'enfuivit que lorfque le Général fe trouva fuffifamment parvenu à l'oueft de la Bermude, il paffa avec fécurité du fud au nord du parallèle de cette île, pendant que ce parti auroit été encore dangereux fuivant l'eftime des Pilotes; & par-là, il abrégea la fin de fa traverfée, déjà fort alongée par la contrariété des vents.

Lorfqu'allant de Bofton à la Martinique, en Novembre 1778, M. le comte d'Eftaing voulut croifer pendant quelques jours au vent de la Defirade, pour tâcher d'intercepter un convoi ennemi; il indiqua le Méridien où il jugeoit à propos de s'arrêter, fur la longitude donnée par les Horloges marines, & qui fe trouva exacte.

M. le Comte de Broves, ramenant de Savanah à Breft ou à l'Orient, à la fin de *1779*, quelques Vaiffeaux, du nombre defquels étoit le *Vaillant*, l'attérage qui réfulta de ma longitude par les horloges, fignalée à l'approche de terre, fut reconnu exact trop généralement pour le paffer fous filence.

L'attérage de Breft à la Martinique, avec l'armée de M. le Comte de Graffe, au commencement de Mai 1781, fut indiqué par les horloges à un tiers de degré, après un intervalle de plus de fix femaines.

Celui du cap François, île de Saint-Domingue, au cap Henri, à l'entrée de la baie de Chéfapeak, avec la même armée, à la fin d'Août fuivant, fut très-exact relativement aux meilleures Cartes, ce qui nous prouva que par l'effet du courant du canal de Bahama, où l'armée venoit de paffer, nous avions été portés dans l'eft de 2 degrés $\frac{1}{2}$ plus que fuivant l'eftime.

On peut, avec les horloges marines, mefurer affez exactement la direction & la vîteffe des courans.

Je dois rapporter encore, que dans nos navigations des deux campagnes, lorfque nous avons traverfé la partie de mer, où ce courant eft très-fenfible, les horloges marines m'ont fourni le moyen d'en mefurer affez exactement la direction & la vîteffe, en comparant la route & le chemin d'un midi à celui du lendemain, résultant du concert de deux observations de longitude & de deux observations de latitude, avec la route & le chemin du même jour, résultant de l'estime ordinaire du Pilote.

Je fis ces observations à quatre époques différentes ; 1.° en Juillet 1778, en traversant le courant avec M. le Comte d'Estaing, du sud-est au nord-ouest, vers les 35.° & 37.° degré de latitude, & le 73.° & le 77.° degré de longitude, Méridien de Paris : 2.° en le traversant avec le même Général, en Août & Septembre 1779, du sud-est au nord-ouest, vers les 30.° & 31.° degré de latitude, & les 75.° & 78.° degré de longitude : 3.° en Novembre de la même année, en le traversant de l'ouest à l'est, par les mêmes latitudes & longitudes : 4.° enfin en Août 1781, avec M. le Comte de Grasse, en suivant le fil de ce courant depuis le canal même de Bahama jusqu'à l'attérage de la Chésapeak.

Dans la première circonstance, je trouvai qu'entre les parallèles de 34 degrés $\frac{2}{3}$ & 35 degrés $\frac{1}{2}$, par la longitude de 73 à 74 degrés $\frac{1}{2}$, le courant commençoit à devenir sensible, & qu'il faisoit environ un tiers de mille par heure, dans la direction de l'ouest à l'est ; qu'entre les parallèles de 35 degrés $\frac{1}{2}$ à 37 degrés $\frac{1}{2}$, par la longitude de 74 degrés $\frac{1}{2}$ à 76 degrés $\frac{3}{4}$, la vîtesse étoit d'un mille par heure dans la direction nord-est ; enfin qu'entre ce dernier terme & la côte de Virginie, il y a un retour de courant qui se fait parallèlement à la côte.

Dans la seconde circonstance, j'observai d'abord un contre-courant opposé en direction à celle du courant de Bahama, par la latitude de 29 degrés $\frac{1}{2}$ & la longitude de 78 degrés $\frac{1}{2}$; ensuite j'entrai dans le vrai courant, dont je trouvai sur le même parallèle, & par la longitude de 80 degrés $\frac{1}{2}$ à 82 degrés, la direction nord-est, & la vîtesse seulement de demi-mille par heure ; & entre les parallèles de 29 degrés $\frac{1}{2}$ & 31 degrés $\frac{1}{2}$, par la longitude de 82 degrés à 82 degrés $\frac{3}{4}$, je déterminai la direction nord quelques degrés Est, & la vîtesse un mille dans une heure : enfin, à mesure

A iv

que je m'approchai de la côte, je remarquai encore le contre-courant au fud, qui eft fur-tout fort fenfible au mouillage devant Savanah & tout le long de la côte de Géorgie.

A la troifième époque, en Novembre 1779, je déterminai que, fur le parallèle de 31 degrés ¼ & par la longitude de 83 degrés à 80 degrés ½, la direction étoit eft-nord-eft, & la vîteffe un peu moins d'un mille par heure; que par la même latitude & par la longitude de 81 degrés ½ à 79 degrés ½, la direction étoit de l'oueft à l'eft quelques degrés nord, & la vîteffe un mille à l'heure. Je trouvai enfuite que la limite auftrale de ce courant étoit par la latitude de 30 degrés ½, & la longitude de 79 degrés ½, & j'y obfervai le même contre-courant que j'avois déjà remarqué en Août de la même année; il faifoit environ un mille à l'heure à l'oueft-nord-oueft, ce qui fut confirmé par les obfervations que je fis plufieurs jours de fuite fur le même parallèle, & jufqu'au 78.ᵉ degré ½ de longitude.

Dans la quatrième & dernière circonftance, en Août 1781, je déterminai par des obfervations répétées tous les jours, que depuis l'entrée fud du canal de Bahama jufqu'à la latitude de 30 degrés, la vîteffe du courant étoit d'un peu plus de trois milles, & jufqu'à trois milles & demi par heure, & qu'à la fortie du Canal, la direction commençoit à s'incliner légè-rement du nord vers l'eft. Depuis la latitude de 30 degrés jufqu'à celle de 35, & entre les longitudes de 82 degrés ½ & 76 degrés, la direction du courant fut trouvée nord-eft, c'eft-à-dire, parallèle aux côtes de la Caroline, la vîteffe depuis trois milles jufqu'à deux milles en une heure; enfin par le 36.ᵉ degré de latitude, & le 76.ᵉ de longitude, je trouvai l'effet du courant à-peu-près nul; ainfi l'on peut y fixer la limite oueft. De-là jufqu'au cap Henri, j'obfervai de nouveau le contre-courant, qui faifoit demi-mille à l'heure.

M. Franklin a fait tracer, il y a quelques années, fur une petite Carte *(a)*, la direction & la vîteffe fucceffives du

---

(a) Cette Carte fe trouve chez le Rouge.

courant du canal de Bahama, à mesure qu'il s'avance dans
l'Océan atlantique, d'après les remarques qu'il avoit recueillies
des Navigateurs américains. J'y ai vu, avec une grande satis-
faction, l'opinion de ce célèbre Physicien, confirmer l'idée
que j'avois eue plus de vingt ans auparavant *(b)*, que ce
courant devoit s'incliner vers le sud-est, lorsqu'il rencontroit
celui qui sort du golfe de Saint-Laurent ; à cela près que
j'imaginois alors, comme je le crois encore, que la force des
eaux du fleuve de Saint-Laurent, n'anéantit pas tout-à-coup
la direction du courant du canal de Bahama, & que ces eaux
ne font que commencer l'inflexion, laquelle, quoique toujours
augmentée par la descente des eaux des grandes Baies du
nord, n'empêche pas que le courant de Bahama ne continue
de s'étendre dans le nord-est jusque vers les Açores, ainsi
que je l'éprouvois en 1750, mais en s'élargissant à mesure
qu'il s'affoiblit ; de sorte que par cette composition de mouvement & de direction, il embrasse un plus grand espace de
Mer, en se recourbant toujours jusqu'aux côtes d'Afrique,
où il vient remplacer les eaux que le vent alizé transporte
continuellement vers l'ouest. Quant à la vîtesse de ce courant,
les résultats de mes observations montrent seulement que je
ne l'ai pas trouvée aussi grande qu'elle est marquée sur la
Carte de M. Franklin.

On se propose de publier au Dépôt de la Marine, une
Carte de la partie de l'Océan, comprise entre les Antilles,
les côtes des États-Unis & celles du sud de Terre-Neuve,
où mes observations sur la vîtesse & la direction du courant
du canal de Bahama, seront rapportées.

Dans chacune de ces campagnes, j'avois embarqué deux
Horloges, ainsi qu'il est presque indispensable ; savoir, en
1778, celles désignées par *N.º 17* à poids, & *N.º 3* à
ressort ; & en 1781, par *N.º 22* à poids, & *N.º 2* à ressort,
toutes inventées & construites par M. Ferdinand Berthoud.

(b) Voyage de l'Amérique septentrionale en 1750 & 1751, *pages 17,*
21 *& 23.*

Les deux horloges à poids n'ont pas confervé la régularité de leur mouvement, & ont fini par ceffer entièrement de me fervir, la première à l'époque du combat devant la Grenade, & la feconde à celle du combat devant la baie de Chéfapeak; les bragues des canons de 24 de la feconde batterie s'étant rompues pendant l'action, les affûts, dans leur recul, heurtèrent contre les armoires qui renfermoient les horloges, & ont dû, par la violence d'un tel chec, en déranger le mécanifme.

On auroit pu prévenir cet accident, en les defcendant à la cale, comme celles à reffort, à l'approche des combats, mais on ne peut déplacer ainfi les horloges à poids, fans courir le rifque de les arrêter.

Inconvénient des horloges à poids; on croit qu'il feroit plus avantageux de n'en conftruire qu'à reffort.

Cet inconvénient me fait penfer qu'il conviendroit de n'en conftruire qu'à reffort, & du moindre volume poffible, fans nuire à leur exactitude, d'autant que le tranfport des premières par terre eft très-embarraffant par leur grandeur, & que par leur conftruction elles font expofées à être totalement détruites, fi, par la négligence des Rouliers auxquels on eft forcé de les abandonner, elles font renverfées, ainfi quil arriva malheureufement à l'excellente horloge, *n.° 8*, qui m'étoit envoyée avec *n.° 3*, comme les plus parfaites, conféquemment aux ordres de M. le Maréchal de Caftries, & au vif intérêt que ce Miniftre prit à l'ufage que je lui témoignois defirer d'en faire pendant la campagne de 1781.

Néceffité d'en obferver la marche dans le Port, pendant deux mois avant le départ.

Je crois encore que pour établir la confiance qu'on peut accorder aux horloges deftinées à être embarquées, il faudroit indifpenfablement que l'Officier qui doit en faire ufage, en obfervât la marche dans le Port pendant deux mois avant le départ, afin de s'affurer de l'égalité de leur mouvement à diverfes époques dans cet intervalle, & d'être en état de reconnoître, foit par l'épreuve du Port du premier départ, ou foit par cette épreuve, & par les nouvelles vérifications qu'on tâche de faire à chaque relâche, fi l'une des horloges n'a pas la régularité requife, & dans ce cas l'abandonner.

C'eft en éprouvant ainfi mes horloges, que j'ai pris le

parti de ne me fervir que de *n.°* *3* dans la première campagne, & de *n.°* *2* dans la feconde.

La marche de l'une & de l'autre s'eft affez confervée telle que je l'avois d'abord éprouvée au Port du départ; j'ai remarqué feulement dans *n.°* *3,* un changement de marche fenfible lors du combat de la Grenade, mais elle fe conferva enfuite affez bien dans fon nouvel état. *Uniformité du mouvement des deux horloges à reffort, affez bien foutenue.*

J'ai été encore plus content de la feconde, puifqu'elle m'a toujours donné la longitude à un quart ou un tiers de degré près dans mes plus longues traverfées; je fuis cependant obligé d'excepter celle de mon retour de Saint-Domingue en France; mais la quantité d'environ deux degrés & demi, trouvée à l'arrivée à Groix, en arrière du Vaiffeau, eft trop extraordinaire pour être une erreur réelle, & pour que je ne l'attribue pas à quelque inadvertance qu'on m'aura cachée, & qui aura produit une interruption de mouvement d'environ 9 minutes $\frac{1}{4}$, bien plutôt qu'à un dérangement de marche qui n'eft ni probable ni croyable, après une régularité fi conftante pendant quinze mois, & fans la moindre caufe vifible qui ait pu occafionner un tel dérangement.

On voit, par ce que je viens de dire de l'exactitude des deux horloges dont je me fuis fucceffivement fervi, qu'il eft tout fimple que je leur aie accordé ma confiance dans les circonftances que j'ai citées relativement à la navigation; & l'on conviendra que j'ai été encore plus fondé à les employer avec tout fuccès pour la Géographie, à raifon du peu de temps qu'il y a toujours eu dans mon trajet de l'un à l'autre des lieux dont j'ai déterminé la différence des méridiens, & de l'exclufion que j'ai donnée à toute détermination dépendante d'un nombre de jours d'intervalle qui n'auroit plus permis de compter fur la grande précifion que procurent toujours les horloges marines employées à cet ufage avec ces précautions. *Réferve avec laquelle on doit faire ufage des horloges marines, pour les déterminations géographiques.*

Les horloges marines font en effet fi avantageufes pour la perfection de la Géographie dans fes détails, que je ne crains pas de dire qu'on a plus trouvé par la découverte de cette *La découverte des horloges marines eft au moins auffi utile pour la*

Géographie que pour la Navigation.

Nécessité de perfectionner les Cartes.

Raisons qui me firent différer mon travail sur l'archipel de la

forte d'inftrument, que l'on n'avoit ofé demander en propofant le problème de la longitude ; je puis même ajouter que ce problème ne pouvoit être d'une utilité réelle, qu'autant qu'on auroit trouvé auparavant un moyen exact & prompt de porter les Cartes marines au même degré de perfection que celle que l'on demandoit pour la connoiffance de la longitude en mer ; car, à quoi ferviroit pour la fécurité du Navigateur, de connoître la pofition de fon Vaiffeau fur le globe à un demi-degré près, fi les Cartes fur lefquelles il eft obligé de rapporter cette pofition, ne pouvoient de long-temps, par les méthodes ordinaires aftronomiques & nautiques, devenir des tableaux qui lui repréfentaffent avec autant d'exactitude, les terres dont il a en vue de s'approcher, & les dangers qu'il a intérêt d'éviter?

C'eft ce befoin preffant d'avancer promptement la Géographie, qui m'infpira, dès ma jeuneffe, le projet de faire des obfervations Aftronomiques dans tous les lieux où je pourrois aborder, & qui me donna l'efpérance d'être fuivi dans cette carrière par d'autres Officiers de Marine qui, comme moi, fentiroient qu'ils étoient infiniment plus à portée que les Aftronomes par état, de porter ce flambeau fur toutes les côtes du Globe.

Cependant les phénomènes Aftronomiques, par leur rareté & les difficultés qu'ils entraînent, rendoient le moyen trop lent, même encore lorfqu'on put les multiplier beaucoup par la méthode que la néceffité me fit imaginer en 1764 *(c)*, d'obferver facilement dans les voyages l'afcenfion droite de la Lune, en donnant le moyen d'établir promptement l'inftrument des paffages dans la direction du méridien.

D'après cela on pouvoit dire, comme je l'avançai en 1766 *(d)*, que nous ferions toujours forcés de nous contenter d'un très-petit nombre de déterminations jufqu'au temps où l'exécution des horloges marines nous fourniroit des

---

(c) Mémoires de l'Académie, *1766, page 384.*
(d) Idem, *page 385.*

moyens prompts & fûrs de multiplier les obfervations de longitude à terre ainfi qu'à la mer. Auffi avois-je réfervé pour la fin de mon entreprife fur la Méditerranée, le travail à faire dans l'Archipel, où tous les moyens aftronomiques & géodéfiques ne pouvoient fuffire, ni même fe pratiquer, & où les horloges marines devoient remplir mon objet avec plus d'exactitude & de célérité dans l'exécution, avantage qu'elles auront toutes les fois qu'on aura à déterminer les pofitions refpectives d'une grande quantité de lieux peu diftans les uns des autres.

C'eft encore ce qui me fit concevoir l'efpérance, en embarquant dans mes deux dernières campagnes, des horloges marines pour la Navigation, de rencontrer au milieu des opérations de guerre, des occafions de les employer auffi utilement pour la Géographie, foit en donnant quelque fuite à mes premiers travaux fur les côtes de l'Amérique feptentrionale, foit en ajoutant quelques déterminations à celles des Antilles & des débouquemens de Saint-Domingue, dont nous avions déjà l'obligation à M.ᵗˢ de Fleurieu, de Verdun, de Borda & Pingré.

La première longitude que l'horloge marine, n.º 3, me donna le moyen de déterminer en 1778, à notre arrivée avec M. le Comte d'Eftaing aux côtes de l'Amérique feptentrionale, fut celle du cap Hinlopen, à l'entrée de la Delaware, le 7 Juillet, de 77ᵈ 33′. On fera fans doute étonné de m'entendre rapporter cette longitude, dans l'idée que c'eft fur la foi d'une horloge marine, fachant que je n'avois pu vérifier fa marche depuis le 9 Avril à Toulon, & que la confiance dans cet inftrument feroit trop hafardée, après quatre-vingt-neuf jours, pour une détermination géographique abfolue; mais l'éclipfe de Soleil du 24 Juin, que j'avois exactement obfervée à la mer, comparée aux correfpondantes en Europe, a fait du Vaiffeau un point fixe bien déterminé, d'où j'ai pu partir pour y rapporter mon obfervation de longitude, faite treize jours après devant le cap Hinlopen.

Le premier contact intérieur de Vénus, obfervé le 3 Juin

Méditerranée, jufqu'à l'exécution des horloges marines.

Exemples de leur application à la Géographie. Longitude du cap Hinlopen, à l'entrée de la Delaware.

1769 à Philadelphie, par M.ʳˢ Ewing & Prior *(e)*, donne la longitude de cette ville, à l'occident de Paris, de 77ᵈ 36' *(f)*.

On a trouvé, par des mesures géodésiques & des directions, que la Tour-à-feu du cap Hinlopen est à l'est de Philadelphie, de 3' 30".

Donc longitude du cap Hinlopen, 77ᵈ 32' 30", ce qui ne diffère que d'une demi-minute de celle que j'ai déterminée par les horloges marines.

On trouveroit une plus grande différence si l'on adoptoit la longitude de Philadelphie, telle que M. Ewing l'établit d'après quelques éclipses de satellites de Jupiter, observées en 1767, 1768 & 1769, par lui-même, & par M.ʳˢ Prior, Thompson, Pearson, &c. car en comparant ces Éclipses aux calculs du Nautical-almanach, corrigés par quelques observations de Gréenwich, M. Ewing conclut que Philadelphie est à l'ouest de Gréenwich, de 75ᵈ 8' 45" *(g)*. C'est par rapport à Paris, 77ᵈ 27' 45" ; & comme le cap Hinlopen est moins occidental de 3' 30", la longitude du cap Hinlopen seroit, selon cette combinaison, de 77ᵈ 24' 15", ce qui différeroit de ma détermination de 8' 45".

Mais il me semble que la longitude de Philadelphie, fondée sur le passage de Vénus, doit être préférée à celle conclue par les éclipses de Satellites, qui n'ont pas eu de correspondantes directes à Gréenwich ou ailleurs.

Latitude de la tour-à-feu de la Delaware.

La latitude de la Tour-à-feu de l'entrée de la Delaware, d'après ma hauteur méridienne du Soleil, observée à bord au mouillage, fut de 38ᵈ 45' ½.

Différence en longitude entre la tour de la Delaware & celle de Sandy-Hook.

Ayant passé de la baie de la Delaware à la rade en dehors de Sandy-Hook près New-York, j'eus occasion d'y vérifier la marche de l'horloge, & par-là d'établir avec précision la différence en longitude de la Tour-à-feu de Sandy-Hook.

(e) Les observations de M.ʳˢ Ewing, Prior, &c. se trouvent dans le premier tome des Transactions américaines de Philadelphie.

(f) D'après les calculs de M. Pingré, Mémoires de l'Académie, 1772, première partie, *page 409.*

(g) Transact. américaines, t. I.ᵉʳ

avec le cap Hinlopen & la Tour-à-feu de la Delaware, de 59 minutes $\frac{3}{4}$. Il réfulte par conféquent de cette différence que la longitude abfolue de Sandy-Hook eft de 76^{d} 33'.

Mais on trouve par les plans, que New-York eft moins occidental que la Tour de Sandy-Hook, de 1' 30".

Donc la longitude de la ville de New-York, fera de 76^{d} 31' 30".

On avoit déjà, pour déterminer la longitude de New-York, trois émerfions & une immerfion du premier fatellite de Jupiter, obfervées par M. Burnet. M. Bradley en avoit conclu, en comparant deux de ces émerfions aux Tables corrigées par des obfervations faites par lui vers le même temps, que New-York étoit à l'oueft de Londres, de 74^{d} 4' (h), c'eft-à-dire, du méridien de Paris, $76^{\text{d}} 29' \frac{1}{2}$.

Mais en comparant les quatre obfervations de M. Burnet, aux Tables de M. Wargentin, corrigées par les obfervations les plus voifines, faites en Europe, on trouve la longitude de New-York à l'oueft de Paris, de 76^{d} 31', ce qui ne diffère que d'une demi-minute de celle que je lui affigne par les horloges marines.

La latitude de la Tour-à-feu de Sandy-Hook conclue de trois hauteurs méridiennes exactes, eft de 40^{d} 25'. Latitude de la tour de Sandy-Hook.

La latitude de Bofton aux ruines de la Tour-à-feu qui eft fur un îlet de la droite, à l'entrée de la rade de Nantasket, de 42^{d} 20' 6", & celle du Fanal d'alarme, fur le plus haut terrein de la Ville, de 42^{d} 22' 11", réfultent des obfervations que je fis avec mon quart-de-cercle aftronomique, de plus de 2 pieds de rayon, en Octobre 1778, fur l'île Pettick pendant notre féjour dans cette rade, & que je rapportai à ces deux points par des opérations géodéfiques; les Anglois donnoient la latitude de la ville de Bofton, de 42^{d} 25'. Latitude de l'entrée de la rade de Bofton.

(h) Tranfactions philofophiques, *N.° 394, page 85.*

Pendant la traversée de l'armée de M. le Comte d'Eflaing, du Cap-François de Saint-Domingue à la côte de Georgie, devant Savanah, après avoir débouqué par le canal de Krooked, j'obfervai le 23 Août 1779, la latitude du Vaiffeau, lorfqu'il étoit en vue de Wattelin, petite île voifine de ce débouquement du côté du nord-oueft, mais à environ fix lieues plus nord que l'île, fuivant l'eftime de la diftance, par conféquent dans une pofition trop défavantageufe pour efpérer d'en conclure une latitude exacte de cette île; je la déduifis néanmoins de 24^d 7′ ¾ pour le plus haut de l'île : on ne fe diffimule pas, en effet, que cette latitude peut-être affectée de toute l'erreur qu'il eft difficile d'éviter dans l'eftime d'une fi grande diftance; mais la différence confidérable de cette latitude avec celle de la Carte de Mrs de Verdun, de Borda & Pingré, m'engage à la produire, d'autant que ces Meffieurs n'avoient aucune obfervation pour la déterminer *(i)*.

L'armée étant arrivée devant la Tour-à-feu de l'île Tibée, à l'entrée de la rivière de Savanah, je déterminai par les obfervations des 9 & 10 Septembre, la différence en longitude entre le Cap-François, île de Saint-Domingue, & cette Tour, & je la trouvai à l'oueft, de 8^d 38′.

La latitude de la même Tour, par trois hauteurs

(i) Depuis la lecture de ce Mémoire, & avant fon impreffion, M. le Comte de Lage de Volude, Enfeigne de Vaiffeau, m'a comuniqué une obfervation de latitude, qu'il eut occafion de faire le 13 Juillet 1784, devant la pointe fud-eft de l'île de Watelin, n'en étant qu'à une lieue de diftance, & prefque eft & oueft; il fixa la latitude de cette Pointe à 23^d 54′ ⅔, ce qui, d'après fon eftime, donneroit pour le plus haut de Watelin, 24^d 0′ ⅔, ou 7′ de moins que par mon obfervation, faite à une grande diftance; à la vérité l'on remarque qu'au jour de l'obfervation de M. de Lage, le Soleil étoit élevé de 87^d ½, & l'on fait combien une telle hauteur méridienne eft difficile à bien obferver; cependant, comme ma latitude, rapportée à la pointe fud-eft, que détermina M. de Lage, furpaffe celle de la Carte des débouquemens de Saint-Domingue, de Mrs de Verdun, de Borda & Pingré, de 12′ ⅓, & que celle de M. de Lage eft auffi plus grande de 6′ ⅓, il paroît certain qu'il faut augmenter fur cette Carte la latitude de la pointe fud-eft de Watelin, au moins, de cette dernière quantité, ainfi que l'étendue de l'Ifle, fur-tout du nord au fud.

Marginalia:
- Latitude de l'île de Wattelin, au débouquement de Krooked.
- Longitude de la tour-à-feu de Savanah.
- Latitude de cette Tour.

méridiennes du Soleil, obſervées à bord, & exaɛtes, eſt de 32^d o' $\frac{3}{4}$.

En Juin 1781, ayant été chargé par M. le Comte de Graſſe, de croiſer au vent de Tabago, avec une diviſion dont il m'avoit confié le commandement, afin de l'avertir de l'arrivée de l'armée ennemie, pendant qu'il étoit mouillé avec la ſienne ſous l'île qui venoit d'être conquiſe, j'eus le bonheur de remplir ma commiſſion avec ſuccès; mais je ne trouvai plus d'occaſion de déterminer la longitude de cette île que le 10 Juin, lorſque la pointe de Sable qui en eſt l'extrémité ſud-oueſt, me reſtoit au ſud-eſt & à environ 7 lieues $\frac{2}{3}$ de diſtance; je conclus de mon obſervation que cette pointe eſt 20' à l'eſt du Fort-royal de la Martinique: mais cette poſition eſt bien déſavantageuſe, relativement à une pointe auſſi baſſe, dont la véritable extrémité m'étoit dérobée par la grande diſtance. Longitude de l'extrémité ſud-oueſt de Tabago.

Le 11 Juin, la pointe nord-eſt de la Grenade me reſtant au nord-nord-oueſt, je fis une obſervation pour en déterminer la longitude, & je trouvai qu'elle étoit de 35 minutes à l'oueſt de Fort-royal de la Martinique. Longitude de l'extrémité nord-eſt de la Grenade.

L'Armée ayant enſuite mouillé à la rade du Fort-royal de la Grenade, je trouvai par mes obſervations du 13 & du 14 Juin, que ce Fort eſt à l'oueſt de celui de la Martinique, de 42 minutes $\frac{1}{4}$, & que la pointe des Salines à l'extrémité ſud-oueſt de l'Iſle eſt à l'oueſt du Fort-royal de la Martinique de $45'\frac{3}{4}$. Longitude du Fort royal de la Grenade, & de l'extrémité ſud-oueſt de cette Iſle.

En partant du Cap-François de Saint-Domingue au commencement d'Août, pour la grande expédition de Virginie, je déterminai, le 6 de ce mois, en paſſant devant la Tortue, la différence en longitude de l'extrémité Eſt de cette petite Iſle avec le Cap, & je trouvai qu'elle en eſt à 25 minutes $\frac{1}{4}$ du côté de l'oueſt : l'obſervation fut faite lorſque le Vaiſſeau étoit preſque nord & ſud de l'objet déterminé, par conſéquent dans la direction la plus avantageuſe. Cette détermination, ajoutée à celle ſemblable que M.ʳˢ de Verdun, de Borda & Pingré avoient déjà donnée, de o^d 44', pour l'extrémité oueſt, Longitude de la Tortue, au nord de Saint-Domingue.

fait trouver dans la différence des deux réfultats, la longueur de l'Ifle de 17 milles $\frac{1}{2}$, & elle me parut être telle.

Paffage de l'armée par le vieux Canal au nord de l'île de Cube.

M. le Comte de Graffe, déterminé par un motif très-important, ne fortit pas par les débouquemens ordinaires de Saint-Domingue, il paffa par le vieux canal, le long de la côte du nord de l'île de Cube, paffage très-étroit & difficile par beaucoup de haut-fonds dont on eft obligé de paffer fort près, & qui ne font indiqués que par de petites Ifles fi baffes, qu'on n'en a connoiffance que par leurs arbres, qui femblent prefque fortir de la mer ; & comme la terre de l'île de Cube dans cette partie eft également baffe, on ne la voit pas davantage.

Les Cartes françoifes & angloifes varient fur les noms & fur les gifemens de ces petites îles ; j'ai pris pour la Caye Romaine la feule qui foit bien vifible & reconnoiffable ; on l'aperçoit très-diftinctement de deux à trois lieues de diftance, fon étendue eft d'environ une lieue de long dans la direction fud-eft & nord-oueft ; & comme elle précède & annonce le plus étroit du vieux Canal, où tous les Géographes s'accordent à placer une autre petite île qu'ils nomment *Caye-confite*, à environ cinq lieues du nord-oueft au nord-nord-oueft de la Caye romaine, la détermination de la latitude & de la longitude de celle-ci, qui eft la feule vifible, devenoit très-effentielle pour la fûreté du paffage.

Latitude de la petite île Caye romaine, à la côte nord de l'île de Cube. Sa longitude.

J'obfervai la latitude de fon extrémité fud-eft, de 22^d 1' $\frac{1}{2}$, par deux bonnes hauteurs méridiennes du Soleil, des 13 & 14 Août ; & la différence en longitude de la même pointe avec le Cap-François de Saint-Domingue, de 5^d 21' $\frac{3}{4}$ dont elle eft à l'oueft. L'obfervation fut faite le 14 au foir, lorfque le Vaiffeau étoit exactement dans le méridien de la pointe, & à moins d'une lieue de diftance.

La route du paffage par le vieux canal au nord de la côte de l'île de Cube, fut terminée le 17 devant le port de Matance. C'eft de la vue de ce Port, ou pour mieux dire de la montagne ifolée qui en eft affez près vers le fud, que prennent leur point de départ les Vaiffeaux qui veulent

débouquer

débouquer par le canal de Bahama ; quelques-uns le prennent cependant de la pointe d'Icaque, qui eſt à neuf ou dix lieues plus à l'eſt.

Je déterminai la longitude de la pointe oueſt de l'entrée du Port-de-Matance, que je diſtinguois très-bien, n'en étant qu'à une lieue deux tiers vers le nord-nord-eſt, & je trouvai que cette pointe eſt à l'oueſt du Cap-François, de 9ᵈ 18′ ¼, & qu'elle eſt à l'oueſt de la pointe ſud-eſt de la petite île Caye Romaine, de 3ᵈ 56′ ½.

Le lendemain me trouvant encore devant ce port, mais trop au large pour diſtinguer les pointes de l'entrée, je fis une nouvelle obſervation de longitude, que je rapportai au Pain-de-Matance, dont je jugeai que j'étois à environ ſix lieues au nord-eſt quart de nord ; & je trouvai que la différence en longitude de cette montagne avec le Cap-François, eſt de 9ᵈ 18′ ½ à l'oueſt.

La longitude de Matance qui varie beaucoup dans les diverſes Cartes, ſans doute par l'incertitude des moyens employés pour l'établir, diffère conſidérablement de ma détermination ; je ſuis cependant raſſuré ſur ſon exactitude, par l'accord des réſultats de mes deux obſervations, d'autant qu'à mon arrivée à la baie de Chéſapeak, la marche de l'horloge marine fut vérifiée & retrouvée la même qu'elle étoit au Cap-François.

C'eſt encore ſur cette conformité que, malgré la loi que je m'étois faite d'exclure toute détermination qui dépendroit d'un long intervalle de temps depuis la vérification des horloges, je haſarde, quoiqu'après trente-quatre jours écoulés, de donner la différence en longitude du cap Henri à l'entrée de la baie de Chéſapeak avec le Cap-François, de 4ᵈ 13′ ½ à l'oueſt, par une obſervation faite le 5 Septembre au matin, pendant que l'on voyoit l'armée ennemie qui venoit pour nous attaquer, & que nous combattimes dans la journée.

La latitude du cap Henri que j'ai établie ſur pluſieurs hauteurs méridiennes du Soleil, obſervées à bord, eſt de 36ᵈ 57′.

Longitude
de la ville de
Baſſe-terre
à Saint-
Chriſtophe.

L'expédition de Saint-Chriſtophe me fournit l'occaſion de déterminer la différence en longitude de la ville de Baſſe-terre, avec le Fort-royal de la Martinique ; je la trouvai de 1^{d} $43'\frac{1}{2}$ à l'oueſt , par deux obſervations des 13 & 17 Janvier 1782 , faites ſur le Vaiſſeau mouillé à demi-lieue au ſud de cette ville.

J'en établis auſſi la latitude de 17^{d} $19'\frac{1}{2}$, ſur neuf hauteurs méridiennes du Soleil, également obſervées à bord.

Longitude
de la ville
des Rozeaux ,
à la
Dominique.

L'armée revenant de Saint - Chriſtophe à la Martinique , je me trouvai le 25 Février à peu - près au ſud-quart-ſud-oueſt & à la diſtance de deux lieues un tiers du milieu de la ville des Rozeaux à la Dominique ; je déterminai ſa différence en longitude avec la ville de Baſſe - terre de Saint-Chriſtophe, de 1^{d} $17'$ à l'eſt.

A la fin de Mai 1782 , j'eus le commandement d'une Eſcadre , avec laquelle je fus chargé d'eſcorter un grand convoi du Cap-François de Saint-Domingue à l'Orient , & débouquant le 3 Juin par les îles Turques , j'eus l'occaſion favorable d'obſerver la différence en longitude de la plus méridionale de ces îles , nommée *Sand-Key* , ou *Caye-de-ſable* , avec le Cap - François ; mais comme l'on pourroit craindre que cette dernière détermination ne fût affeſtée de l'erreur énorme en longitude trouvée à l'attérage de l'île de Groix , en la ſuppoſant progreſſive durant toute la traverſée, au lieu d'être inſtantanée, comme j'ai dit que je me croyois fondé de le préſumer , je m'abſtiens de la publier juſqu'à ce qu'elle ait été vérifiée.

F I N.